FORSCHUNGSBERICHTE
DES WIRTSCHAFTS- UND VERKEHRSMINISTERIUMS
NORDRHEIN-WESTFALEN

Herausgegeben von Ministerialdirektor Dipl.-Ing. L. Brandt

Nr. 12

Elektrowärme-Institut Langenberg/Rhld.

Induktive Erwärmung mit Netzfrequenz

(Als Manuskript gedruckt)

SPRINGER FACHMEDIEN WIESBADEN GMBH

1952

ISBN 978-3-663-12820-5 ISBN 978-3-663-14399-4 (eBook)
DOI 10.1007/978-3-663-14399-4

Während die Anwendung des Prinzips der Erwärmung von Metallen in magnetischen Wechselfeldern sich bis zu Anfang der 30er Jahre im wesentlichen auf Schmelzöfen beschränkte haben sie sich in den letzten beiden Jahrzehnten, beginnend mit der Oberflächenhärtung, auf fast alle Wärmebehandlungsverfahren für Metalle ausgedehnt, teils noch in der Entwicklung, teils mit rasch zunehmendem Erfolg in der Industrie. (1-5) Gegenüber dieser raschen Ausweitung in den Anwendungen weisen die heutigen Grundlagen der Induktionserwärmung leider noch sehr empfindliche Lücken auf. Für die Berechnung der Schmelzöfen stehen ausreichende Unterlagen zur Verfügung, wozu noch die jahrzehntelangen Erfahrungen im Bau und im Betrieb der Öfen kommen. Die Behandlung der magnetischen Durchlässigkeit μ als Konstante und Vereinfachungen hinsichtlich der Form des Gutes, die bei der Ableitung der Formeln für die Berechnung von Schmelzöfen aus den Feldgleichungen gemacht werden, beschränken aber die Brauchbarkeit dieser Beziehungen auf Werkstoffe, bei denen mit konstanter, feldunabhängiger Permeabilität gerechnet werden kann und werden den vielgestaltigen Formen des Gutes bei der allgemeinen Anwendung der Induktionserwärmung nicht gerecht. (6-9)

Es hat natürlich nicht an Ansätzen gefehlt, auch das Verhalten magnetischer Werkstoffe in magnetischen Wechselfeldern zu beschreiben. Der erste Ansatz in dieser Richtung dürfte wohl auf E. Rosenberg zurückgehen. (10) Rosenberg geht von der Annahme aus, dass in starken magnetischen Wechselfeldern die durch die magnetische Feldstärke $\mathfrak{H}$ erzeugte Rand-Induktion $\mathfrak{B}$ bei massivem Eisen mit konstanter Größe in das Eisen eindringt und plötzlich bei Erreichung des Knies der Magnetisierungskennlinie durch die Gegenwirkung der Induktionsströme auf Null abfällt. Er gelangt so zu sehr einfachen Beziehungen für die Eindringtiefe von Feld und Strom, die sich für die numerische Berechnung der Verlustleistung in eisernen Konstruktionsteilen von elektrischen Maschinen und Transformatoren als brauchbar gezeigt hat. Auf diese Näherung zurückgreifend geht Ollendorf mit einer durch eine gewisse Sättigungsstrecke gekennzeichneten Exponentialfunktion für die magnetische Durchlässigkeit in die Feldgleichungen und erhält durch deren Integration die Grundlagen zu einer Beschreibung der Strom- und Feldverteilung. (11)

Die von Rosenberg und Ollendorf gefundenen Beziehungen haben sich als Grundlage für die theoretische Behandlung von Aufgaben der induktiven

Wärmebehandlung nicht durchgesetzt, da die Bestimmung der Randfeldstärke $\mathfrak{H}_y$ bei den vielgestaltigen Formen des Gutes nur selten mit ausreichender Genauigkeit möglich ist. Sie finden hier Erwähnung, weil bei den Arbeiten in der neueren amerikanischen Literatur (1,12) von ähnlichen Voraussetzungen ausgegangen wird, und weil die aus der Rosenberg'schen Annahme sich ergebende Zunahme der Eindringtiefe der Induktionsströme mit Wachsen der Randfeldstärke bei ferromagnetischen Stoffen sich bei der Induktionserwärmung bestätigt. Die Zunahme der Eindringtiefe der Ströme ist es auch, die in Verbindung mit niedrigen Frequenzen die Grundlage zu möglichst gleichmässiger Erwärmung des Gutes bildet, und zwar unmittelbar gleichmäßig, ohne wesentlich Vermittlung des Temperaturausgleiches durch Wärmeleitung. Als Anwendungsbeispiele seien hier nur das elektroinduktive Anlassen von Vergütungsstählen genannt, das nach Großzahluntersuchungen von Krainer (13) wesentliche Erhöhungen der Kerbschlagzähigkeit bringt und das Anwärmen von Werkstücken auf verhältnismäßig niedrige Temperaturen zum Zwecke des Aufschrumpfens. Dabei erhebt sich die Frage, was kann die Netzfrequenz als energie- und aufwandmäßig billigste Frequenz zur Lösung dieser Aufgaben beitragen und welche Wirkungsgrade und Einsatzleistungen sind insbesondere bei kleinen Stückdurchmessern zu erwarten ! Diese Fragen lassen sich wegen der aufgezeigten Lücken in den Grundlagen rein rechnerisch nicht erledigen. Es bleibt also nur der experimentelle Weg und hier ist eine strenge Systematik am Platze, wenn sich aus solchen Versuchen Richtwerte für die Praxis ergeben sollen. Daß mit Netzfrequenz bis zu Durchmessern von 1oo mm eine wirtschaftliche Erwärmung über den magnetischen Umwandlungspunkt nicht gegeben ist, darf als bekannt vorausgesetzt werden und läßt sich leicht rechnerisch nachweisen. (5) Nach dem kürzlich vollzogenen Wiederaufbau des Elektrowärme-Institutes in Langenberg / Rhld. (14) wurden diese Fragen aufgegriffen und eine vorläufige Bekanntgabe der ersten Versuchsergebnisse erfolgt hiermit.

In Anlehnung an die Entwicklung der Theorie des kernlosen Induktionsschmelzofens wurde zunächst das Verhalten von zylindrischen Stahlproben in zylindrischen Arbeitsspulen untersucht, eine Einschränkung hinsichtlich der Form, die dadurch tragbar ist, daß der Vollzylinder eine der in der Technik am häufigsten vorkommenden Formen von Werkstücken und Halbmaterial ist. Für die Wahl des Vollzylinders spricht auch die Tatsache, daß für diesen die zuverlässigsten Berechnungsunterlagen für Vergleiche an unmagnetischen Einsätzen vorhanden sind.

Bevor wir nun auf die Ergebnisse der Voruntersuchungen eingehen, wollen wir uns einiger Grundtatsachen aus der Theorie der Induktionserwärmung bei nichtmagnetischen Einsätzen erinnern. Wir wollen uns dabei auf das System Arbeitsspule-Einsatz beschränken und von dessen Kenngrössen nur die Einsatzleistung und den Wirkungsgrad untersuchen.

In allgemeiner Form läßt sich die Einsatzleistung durch die Beziehung darstellen:

$$n_E = C \cdot A^2 \cdot K \cdot F\,(d, \kappa, \mu, f)\ [W/cm^2] \quad ^{1)} \qquad \text{(Gl.1)}$$

Bei unmagnetischen Einsätzen ist nun der Wert der Funktion F (d, κ, μ, f) unabhängig von der Größe des Strombelages A, d.h. durch unbegrenzte Steigerung von A ist eine unbegrenzte Erhöhung der Einsatzleistung zu erreichen, die praktisch nur durch die Verlustleistung der Arbeitsspule begrenzt wird, die vom Kühlwasser noch abgeführt werden kann.

1.) n_E = Spezifische Einsatzleistung (W/cm^2) d.h. die je cm^2 der Mantelfläche des Einsatzes aufgenommene Leistung

C = Konstante

A = Strombelag der Arbeitsspule (A/cm)

$$A = \frac{J \cdot w}{l}$$

J = Spulenstrom

W = Windungszahl der Spule

l = Länge der Spule bezw. des Einsatzes (cm)

K = Verkettungsfaktor, ein Mass für die Verkettung der primären und sekundären Wechselströme

d = Einsatzdurchmesser (cm)

κ = elektrische Leitfähigkeit des Einsatzes ($\Omega^{-1} \cdot cm^{-1}$)

μ = relative magnetische Durchlässigkeit

f = Arbeitsfrequenz (Hz)

Da die Verluste in der Arbeitsspule ebenso wie die Einsatzleistungen quadratisch mit dem Strombelag A ansteigen, bleibt der elektrische Wirkungsgrad

$$\eta = \frac{n_E}{n_E + nsp}$$ 2) (Gl.2)

in erster Näherung konstant. 3)

Bei zylindrischem Querschnitt wird das Optimum der Leistung für die Volumeneinheit des Gutes erreicht, wenn nach F. Wever und W.Fischer (6) die Bedingung:

$$d_2 \cdot \sqrt{\pi_0 \cdot \mu \cdot \kappa \cdot f} = 2{,}5$$ 4) (Gl.3)

erfüllt wird. Diese Bedingung liefert bei gegebenen elektrischen Eigenschaften des Gutes die günstigste Frequenz bei einem bestimmten Durchmesser oder den günstigsten Durchmesser bei gegebener Frequenz. Sie wurde bei der Entwicklung der Theorie des kernlosen Induktions-Schmelzofens gefunden und ist brauchbar für all die Anwendungsfälle, wo es auf eine gleichmäßige Erwärmung des Gutes ankommt.

Bei der Anwendung der drei Beziehungen für die Einsatzleistung, den Wirkungsgrad und den günstigsten Durchmesser bei magnetischem Einsatz muß berücksichtigt werden, daß mit der willkürlichen Wahl eines bestimmten μ -Wertes gleichzeitig auch der Strombelag der Arbeitsspule festgelegt wird, da hier μ eine feldabhängige Größe ist und das Feld $\mathfrak{H}$ durch A erregt wird. Wegen dieser Abhängigkeit ist also bei magnetischem Gut ein vom Verhalten unmagnetischen Gutes abweichender Verlauf von Einsatzleistung und Wirkungsgrad bei Änderung des Strombelages der Arbeitsspule zu erwarten.

2.) nsp = Spezifische Verlustleistung (W/cm^2) d.h. die auf den cm^2 der inneren Wandung der Arbeitsspule bezogene Verlustleistung.

3.) Ohne Berücksichtigung der Erwärmung des Spulenleiters bei hoher Belastung der Arbeitsspule.

4.) π_0 = absolute Permeabilitätskonstante = $4\pi \cdot 10^{-9}$ (H/cm)

Die Messungen bei den im folgenden beschriebenen Versuchen wurden mit handelsüblichen astatischen Strom-, Spannungs- und Leistungsmessern durchgeführt. Durch kalorimetrische Messungen der Spulenverluste konnte die Richtigkeit der elektrischen Messungen bestätigt werden. Mit dem neuen Vektormesser der AEG wurde ein wegen der niedrigen Spulenspannungen zur Anpassung an die Meßbereiche von Spannungs- und Leistungsmesser erforderlicher Spannungswandler eingeeicht. Da der Vektormesser sich nur für die Messung stationärer Größen eignet, wurde die Eichung bei leerer Spule im Beharrungszustand vorgenommen. Als Werkstoff für die Proben kamen zwei Werkstoffstähle mit Kohlenstoffgehalten von o,35 und o,61 % zur Verwendung.

Das Bild 1 zeigt nun die Abhängigkeit des Wirkungsgrades η und der Einsatzleistung n_E vom Strombelag A der Arbeitsspule. Die Probe hat einen Durchmesser von 4o mm bei einer Länge von 56 mm. Der Luftspalt zwischen innerer Wandung der Arbeitsspule und der Probe betrug 3 mm.

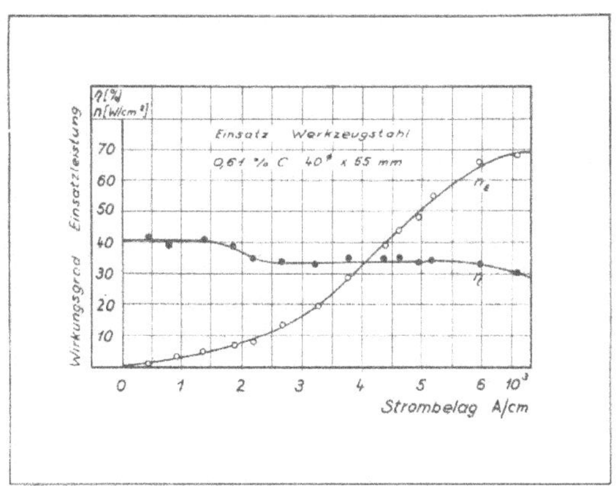

Bild 1: Elektrischer Wirkungsgrad η und Einsatzleistung n_E in Abhängigkeit vom Strombelag. f = 5o Hz.
Einsatz: Werkzeugstahl mit o,61 % C-Gehalt.
4o mm ∅ , 56 mm lang.

Die Einsatzleistung steigt mit zunehmendem Strombelag fast quadratisch an und erreicht schließlich einen Grenzwert. Dieser Grenzwert wird offenbar dann erreicht, wenn die Probe völlig durchsättigt ist. Wir haben damit eine Bestätigung der Rosenberg'schen Annahme, daß das magnetische Feld mit wachsender Randfeldstärke tiefer in den Stoff eindringt. Der Wirkungsgrad fällt zunächst mit zunehmendem Strombelag etwas ab; bleibt dann über einen weiten Bereich konstant, um bei Erreichung der Grenzeinsatzleistung rasch abzufallen. Bei magnetischen Einsätzen läßt sich also nicht wie bei unmagnetischen eine durch Steigerung des Strombelages beliebige Einsatzleistung erzielen.

Das Bild 2 zeigt den Einfluß des Einsatzdurchmessers d auf den Wirkungsgrad η bei 7 Proben von 3o ... 1oo mm Durchmesser. Der Luftspalt betrug bei der 3o mm-Probe 1 mm und änderte sich bei den übrigen Spulen nach der Beziehung Δ = o,o33.d. Für die Probenlänge l wurde die Beziehung gewählt:

$$l = 1{,}066\, d + 1 \;\; [cm] \qquad (Gl.4)$$

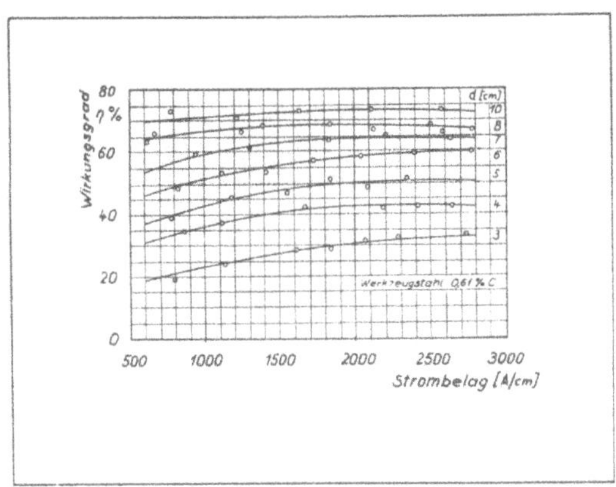

Bild 2: Abhängigkeit des Wirkungsgrades vom Strombelag A bei verschiedenen Einsatzdurchmessern.
Einsatz: Werkzeugstahl mit o,61 % C-Gehalt
d = 3o ... 1oo mm Ø , Länge l=1,o66 d + 1o mm

Der Wirkungsgrad bei den einzelnen Proben steigt im Gegensatz zu dem vorher beschriebenen Versuch mit zunehmendem Strombelag etwas an, eine Erscheinung, die auf die Technik der Kühlwasserführung zurückzuführen ist. Aus Gründen des Material- und Zeitaufwandes mußte bei diesen Versuchsreihen von einem leicht verarbeitbaren Profil Gebrauch gemacht werden. Die mit diesen Spulen erzielten Versuchsergebnisse wurden deshalb auf optimale Werte umgerechnet unter Zugrundelegung einer einwindigen Spule mit 2o mm radialer Stärke und einer konstanten Leitertemperatur von 8o^{o}C, die durch einen der Nennleistung des Heizgerätes angeglichenen Kühlwasserverbrauch erreicht werden kann. Der aus Bild 2 zu erkennende Anstieg des Wirkungsgrades bei zunehmendem Einsatzdurchmesser ist in Bild 3 noch einmal deutlicher veranschaulicht. Hier ist der Wirkungsgrad bei zwei verschiedenen Strombelägen in Abhängigkeit vom Eihsatzdurchmesser dargestellt. Mit zunehmendem Einsatzdurchmesser steigt der Wirkungsgrad steil an, um sich jedoch bei 8o bis 1oo mm Probedurchmesser sichtlich einem Grenzwert zu nähern. Auch bei diesen Messungen liegt in einem weiten Bereich unterhalb der Grenzeinsatzleistung ein wesentlicher Einfluß des Strombelages auf den Wirkungsgrad nicht vor.

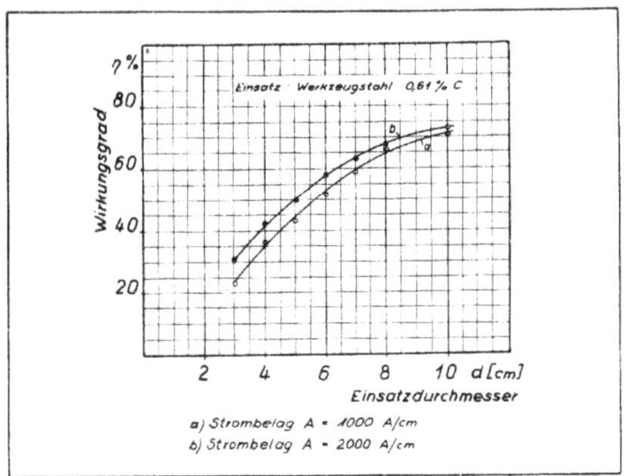

Bild 3: Abhängigkeit des Wirkungsgrades η vom Einsatzdurchmesser bei verschiedenen Strombelägen.
Kurve a: 1.ooo A/cm
Kurve b: 2.ooo A/cm

Bei den bisher beschriebenen Versuchen handelt es sich um Messungen bei verhältnismäßig kurzen Proben, deren Länge nur wenig größer als der Durchmesser war.

In einer weiteren Versuchsreihe wurden die Verhältnisse hinsichtlich Wirkungsgrad und Einsatzleistung an Proben vom 4o mm Durchmesser bei verschiedenen Einsatzlängen untersucht. Die Länge der Arbeitsspule entsprach dabei jeweils der Einsatzlänge. Der Luftspalt zwischen Innenwandung der Spule und der Mantelfläche der Einsätze betrugt 2,5 mm. Als Werkstoff diente ein Vergütungsstahl ähnlich C 35. Das Verhalten von Wirkungsgrad und Einsatzleistung wurde wie folgt untersucht:

a) bei Spulen ohne äußeren Eisenschluß,

b) bei Spulen mit äußerem Eisenschluß und einem Luftspalt von 2 x o,2 cm zwischen den Stirnseiten des Einsatzes und dem U-förmigen Eisenpaket, der aus wärmetechnischen Gründen erforderlich ist, um eine Miterwärmung des Eisenpaketes zu vermeiden und

c) bei Spulen ohne Luftspalt, wenn von den Stoßfugen des Eisenschlußes abgesehen wird.

Die Ergebnisse aus dieser Versuchsreihe sind in Bild 4 dargestellt.

	Einsatzlänge / Einsatzdurchm. $\frac{\ell}{d}$	Strombelag [A/cm] 500			1000			1500			2000		
		a	b	c	a	b	c	a	b	c	a	b	c
Wirkungsgrad η [%]	2,05	39,0			47,5			50,5			49,0		
			82,0			78,0			74,0			70,5	
				86,5			82,5			78,5			74,5
	3,40	64,0			64,0			63,0			61,0		
			83,0			79,0			75,0			71,0	
				87,0			82,5			78,0			73,0
	6,25	82,0			79,0			75,0			72,0		
			87,0			83,0			79,0			75,0	
				88,5			84,5			80,5			76,5
Einsatzleistung n_E [W/cm²]	2,05	1,0			5,2			19,5			22,5		
			6,7			21,0			38,0			57,0	
				9,0			28,0			50,0			70,0
	3,40	2,9			11,0			23,5			38,5		
			8,4			24,5			45,5			66,0	
				10,3			29,0			50,5			71,0
	6,25	7,25			20,0			37,0			56,0		
			9,5			26,0			46,5			67,0	
				10,5			29,5			52,0			74,0

a) ohne Eisenschluß
b) mit Eisenschluß und Luftspalt von 2 x 0,2 cm
c) mit Eisenschluß ohne definierten Luftspalt

d = 4 cm
Werkstoff Stahl 0,35 % C

Bild 4: Abhängigkeit des Wirkungsgrades η
und der Einsatzleistung n_E
vom Strombelag

Es zeigt die Abhängigkeit von Wirkungsgraden und spezifischen Einsatzleistungen von Strombelägen der Heizspule zwischen 5oo und 2.ooo A/cm bei drei Verhältnissen l/f = 2,o5; 3,o4 und 6,25. Bei verhältnismäßig kurzen Spulen l/d = 2,o5 und 3,o4 ohne äußeren Eisenschluß bleibt der Wirkungsgrad bei zunehmendem Strombelag praktisch konstant, während bei der langen Spule l/d = 6,25 ein deutliches Absinken des Wirkungsgrades mit steigendem Strombelag festzustellen ist. Bei Spulen mit äusserem Eisenschluß nimmt der Wirkungsgrad bei allen Spulen mit wachsendem Strombelag angenähert linear ab und zwar sowohl bei der luftspaltlosen, wie auch bei der Spule mit Luftspalt.

Die Erhöhung des Wirkungsgrades durch äußeren Eisenschluß macht sich am stärksten bei kurzen Spulen geltend und zwar umso stärker, je geringer der Strombelag ist. Im Vergleich dazu ist die Wirkung des Luftspaltes gering, ein Zeichen dafür, daß der magnetische Widerstand der Probe in der Größenordnung des magnetischen Widerstandes des Luftspaltes liegt. Damit hat auch das Verhältnis Einsatzlänge/Einsatzdurchmesser auf den Wirkungsgrad ausschlaggebende Bedeutung nur bei Spulen ohne Eisenschluß.

Die Einsatzleistungen nehmen mit steigendem Verhältnis l/d bei Spulen ohne Eisenschluß sehr stark zu, während der Einfluß von l/d bei Spulen mit äußerem Eisenschluß auf die Einsatzleistung nur gering ist. Das ist darauf zurückzuführen, daß durch den Eisenschluß auch bei kurzen Spulen die Verhältnisse der unendlich langen Spule erreicht werden.

Bei den bisher betrachteten Wirkungsgraden handelt es sich um den elektrischen Wirkungsgrad des Systems Arbeitsspule - Einsatz bei Beginn der Aufheizung. Die Festlegung eines Anfangswirkungsgrades war wegen der relativ langen Einstellzeit der Meßgeräte nicht möglich. Die Bestimmung des Totalwirkungsgrades unterliegt so viel Veränderlichen, daß hierüber keine eindeutigen Angaben gemacht werden können.

Das Bild 5 zeigt die Abhängigkeit des elektrischen Wirkungsgrades von der Temperatur bei einem Einsatz mit einem Durchmesser von 8o mm und einer Länge von 95 mm. Bei diesem Durchmesser bleibt der Wirkungsgrad bis zu einer Temperatur von 6oo°C praktisch konstant, um dann langsam abzusinken. Bemerkenswert ist der geringe Unterschied zwischen

Rand- und Kerntemperatur (ϑ_R und ϑ_K), der bei 640°C Randtemperatur nach anfänglichen größeren Differenzen nur noch 5 % beträgt. Bei geringeren Durchmessern ist bei steigender Temperatur des Einsatzes mit einem wesentlich stärkeren Abfall des elektrischen Wirkungsgrades zu rechnen.

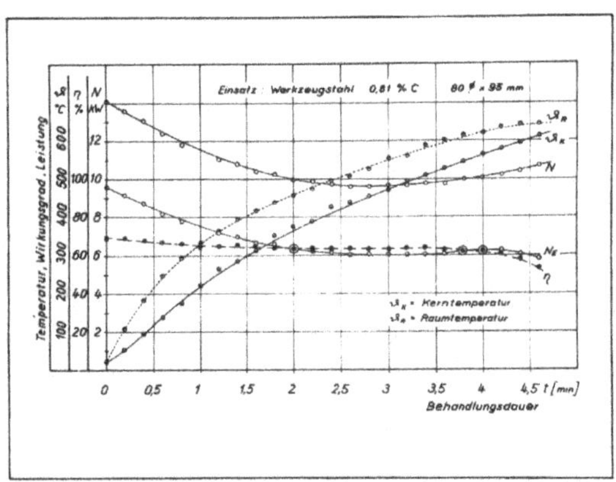

Bild 5: Erwärmungsschaubild eines Einsatzes von 80 mm ∅, 95 mm Länge, ϑ_R = Randtemperatur
ϑ_K = Kerntemperatur
N = aufgenommene Leistung
n_E = Einsatzleistung

Der Umfang der bisher durchgeführten Versuche im Elektrowärme-Institut läßt allgemeine Schlußfolgerungen quantitativer Art nur in einem bescheidenen Rahmen zu. Die Versuche werden laufend weitergeführt und zu gegebener Zeit in den Mitteilungen des Institutes bekanntgegeben.

Als Anwendung der Netzfrequenz sei noch ein in den Rahmen unserer Ausführungen passendes Beispiel gebracht. Es bezieht sich auf eine Netzfrequenz-Induktions-Glühanlage, die zum Erwärmen von Schließringen dient. Das Gerät hat sich in einer Fließbandfertigung wegen seiner schnellen Betriebsbereitschaft und der kurzen Erwärmungszeit (400°C in 1 Minute) bewährt, obwohl der Wirkungsgrad wegen des geringen Durchmessers der Ringe (34 mm) nicht hoch ist.

I. Formel für die Einsatzleistung:

$$n_E = C \cdot A^2 \cdot K \cdot F(d, \varkappa, \mu, f) \quad [W/cm^2]$$

n_E = spez. Einsatzleistung, auf die Mantelfläche des Einsatzes bezogen
C = Konstante
A = Strombelag der Arbeitsspule [A/cm]
K = Verkettungsfaktor für die Verkettung zwischen Primär- und Secundärwechselgrößen
F = Funktion der elektr. Eigenschaften und des Durchmessers des Einsatzes.

II. Formel für den elektr. Wirkungsgrad

$$\eta_E = \frac{n_E}{n_E + n_{Sp}}$$

n_{Sp} = spezifische, auf die Innenwandung der Spule bezogene Verluste

III. Formel für den günstigsten Durchmesser (nach F. Wever u. W. Fischer)

$$\frac{d}{2} \sqrt{\Pi_0 \cdot \mu \cdot \varkappa \cdot f} = 2{,}5$$

$\Pi_0 = 4\pi \cdot 10^{-9}$ = absolute Permeabilität [Ωs/cm]

Bild 6: Industrielle Netzfrequenz-Induktions-Glühanlage
zur Erwärmung von Schließringen
Schließringmaße: 25,7 x 34 mm Ø
57 mm Länge

Zum Abschluß möchte der Verfasser nicht versäumen, den Mitgliedern des Institutes und dem Wirtschaftsministerium des Landes Nordrhein-Westfalen den herzlichsten Dank für die Unterstützung unserer Arbeiten auszudrücken.

Schrifttum:

1. N.R. Stansel, Induction Heating, Mc Graw Hill Book, 195o
2. G.H. Brown, C.N. Hoyler, R.A. Bierwirtz, Theorie and Application of Radio-Frequency Heating, van Nostrand Company, 1947
3. K. Kegel, die Oberflächenbehandlung von Stahl mittels induktiver Hochfrequenz-Erwärmung, Elektrotechnik Bd. 2 (1948) Nr. 1o S. 185/91
4. G. Seulen, Grundlagen, Anwendungsgebiete und Wirtschaftlichkeit der Induktionserwärmung, Werkstatt-Technik und Maschinenbau, 41 (1951)H.1
5. G. Hennicke, Induktionsöfen mit Netzfrequenz, Technische Mitteilungen, 43 (1949) H.2
6. F. Wever und W. Fischer, Zur Kenntnis des Hochfrequenz-Induktionsofens I, Mitt.Kais.Wilh.-Inst. Eisenforschung 1926
7. C.R. Burch and N.R. Davis, Philos. Magazin I, (1926) S. 768
8. W. Esmarch, Wissenschl. Veröffentlichung Siemens-Konzern x/2 (1931), S. 172
9. K. Reche, Wissenschl. Veröffentlichung Siemens-Konzern XII (1933) 1/33
1o. E. Rosenberg, Wirbelströme in massivem Eisen, ETZ 44 (1923) 513/518
11. F. Ollendorf, Das Eindringen elektromagnetischer Wellen in hochgesättigtes Eisen, Ztschr.techn.Physik 12 (1931) 39
12. I.T. Vaughan and I.W. Williamson, Design of Induction Heating Coils for Cylindrical Magnetics Loads, Elctr. Engng.Trans.Sect. 64 (1945) 587/592
13. H. Krainer, Elektroinduktives Anlassen im Walzwerk, Stahl und Eisen, 65 (1945) S. 95/1oo
14. Harald Müller, Der Wiederaufbau des Elektrowärme-Instituts und seine Aufgaben, Technische Mitteilungen 43 (195o) S. 578

Forschungsberichte
des Wirtschafts- und Verkehrsministeriums
Nordrhein-Westfalen

Herausgegeben von Ministerialdirektor Dipl.-Ing. L. Brandt

Bisher sind erschienen:

Heft 1: Prof.Dr.-Ing.habil. Eugen Flegler, Aachen
Untersuchungen oxydischer Ferromagnet-Werkstoffe

Heft 2: Prof.Dr.phil. Walter Fuchs, Aachen
Untersuchungen über absatzfreie Teeröle

Heft 3: Technisch-Wissenschaftliches Büro für die
Bastfaser-Industrie, Bielefeld
Untersuchungsarbeiten zur Verbesserung des Leinenwebstuhls

Heft 4: Prof.Dr. E.A. Müller und Dipl.-Ing. H. Spitzer, Dortmund
Untersuchungen über die Hitzebelastung in Hüttenbetrieben

Heft 5: Dipl.-Ing. Werner Fister, Aachen
Prüfstand der Turbinenuntersuchungen

Heft 6: Prof.Dr.phil. Walter Fuchs, Aachen
Untersuchungen über die Zusammensetzung und Verwendbarkeit
von Schwelteerfraktionen

Heft 7: Prof.Dr.phil. Walter Fuchs, Aachen
Untersuchungen über emsländisches Petrolatum

Heft 8: Maria Elisabeth Meffert und Heinz Stratmann
Algen-Grosskulturen im Sommer 1951

Heft 9: Technisch-Wissenschaftliches Büro für die Bastfaserindustrie, Bielefeld

Untersuchungen über die zweckmässige Wicklungsart von Leinengarnkreuzspulen unter Berücksichtigung der Anwendung hoher Geschwindigkeiten des Garnes

Vorversuche für Zetteln und Schären von Leinengarnen auf Hochleistungsmaschinen

In Vorbereitung

Heft 1o: Prof.Dr. Wilhelm Vogel, Köln-Nippes

"Das Streifenpaar" als neues System zur mechanischen Vergrösserung kleiner Verschiebungen und seine technischen Anwendungsmöglichkeiten

Heft 11: Laboratorium für Werkzeugmaschinen und Betriebslehre Technische Hochschule Aachen

1.) Untersuchungen über Metallbearbeitung im Fräsvorgang mit Hartmetallwerkzeugen und negativem Spanwinkel

2.) Weiterentwicklung des Schleifverfahrens für die Herstellung von Präzisionswerkstücken unter Vermeidung hoher Temperaturen

3.) Untersuchung von Oberflächenveredlungsverfahren zur Steigerung der Belastbarkeit hochbeanspruchter Bauteile.

Heft 12: Elektro-Wärmeinstitut, Langenberg/Rhld.

Erwärmung von Netzfrequenz

Heft 13: Techn.-Wissenschaftl. Büro für die Bastfaserindustrie, Bielefeld

Das Naßspinnen von Bastfasergarnen mit chemischen Zusätzen zum Spinnbad

Heft 14: Forschungsstelle für Acetylen, Dortmund

Untersuchungen über Aceton als Lösungsmittel für Acetylen

Heft 15: Wäschereiforschung Krefeld

Trocknen von Wäschestoffen

Heft 16: Max Planck-Institut für Kohleforschung, Mülheim/Ruhr

Arbeiten des MPI für Kohleforschung

Heft 17: Ingenieurbüro Herbert Stein, M-Gladbach

Untersuchungen der Verzugsvorgänge in den Streckwerken verschiedener Spinnereimaschinen

Heft 18: Wäschereiforschung Krefeld

Grundlagen zur Erfassung der chemischen Schädigung beim Waschen

Heft 19: Techn.-Wissenschaftl.Büro für die Bastfaserindustrie, Bielefeld

Die Auswirkung des Schlichtens von Leinengarnketten auf den Verarbeitungswirkungsgrad, sowie die Festigkeits- und Dehnungsverhältnisse der Garne und Gewebe

Heft 2o: Techn.-Wissenschaftl. Büro für die Bastfaserindustrie, Bielefeld

Trocknung von Leinengarnen I
Vorgang und Einwirkung auf die Garnqualität

Heft 21: Techn.-Wissenschaftl. Büro für die Bastfaserindustrie Bielefeld

Trocknung von Leinengarnen II
Spulenanordnung und Luftführung beim Trocknen von Kreuzspulen

Veröffentlichungen

der Arbeitsgemeinschaft für Forschung des Landes Nordrhein-Westfalen

Heft 1:

Prof.Dr.-Ing. Friedrich Seewald, Technische Hochschule Aachen
Neue Entwicklungen auf dem Gebiete der Antriebsmaschinen

Prof.Dr.-Ing. Friedrich A.F. Schmidt, Technische Hochschule Aachen
Technischer Stand und Zukunftsaussichten der Verbrennungsmaschinen, insbesondere der Gasturbinen

Dr.-Ing. R. Friedrich, Siemens-Schuckert-Werke A.-G., Mülheimer Werk
Möglichkeiten und Voraussetzungen der industriellen Verwertung der Gasturbine

52 Seiten, 15 Abbildungen, kartoniert DM 4,25

Heft 2:

Prof.Dr.-Ing. Wolfgang Rietzler, Universität Bonn
Probleme der Kernphysik

Prof.Dr.phil. Fritz Micheel, Universität Münster
Isotope als Forschungsmittel in der Chemie und Biochemie

4o Seiten, 1o Abbildungen, kartoniert DM 3,2o

Heft 3:

Prof.Dr.med. Emil Lehnartz, Universität Münster
Der Chemismus der Muskelmaschine

Prof.Dr.med. Gunther Lehmann, Direktor des Max-Planck-Institutes für Arbeitsphysiologie, Dortmund
Physiologische Forschung als Voraussetzung der Bestgestaltung der menschlichen Arbeit

Prof.Dr. Heinrich Kraut, Max-Planck-Institut für Arbeitsphysiologie, Dortmund
Ernährung und Leistungsfähigkeit

6o Seiten, 35 Abbildungen, kartoniert DM 5,--

Heft 4:

Prof.Dr. Franz Wever, Max-Planck-Institut für Eisenforschung, Düsseldorf
Aufgaben der Eisenforschung

Prof.Dr.-Ing. Hermann Schenck, Technische Hochschule Aachen
Entwicklungslinien des deutschen Eisenhüttenwesens

Prof.Dr.-Ing. Max Haas, Technische Hochschule Aachen
Wirtschaftliche Bedeutung der Leichtmetalle und ihre Entwicklungsmöglichkeiten

6o Seiten, 2o Abbildungen, kartoniert DM 6,--

Heft 5:

Prof.Dr.med. Walter Kikuth, Medizinische Akademie Düsseldorf
Virusforschung

Prof.Dr. Rolf Daneel, Universität Bonn
Fortschritte der Krebsforschung

Prof.Dr.med., Dr.phil. W. Schulemann, Universität Bonn
Wirtschaftliche und organisatorische Gesichtspunkte für die Verbesserung unserer Hochschulforschung

5o Seiten, 2 Abbildungen, kartoniert DM 4,--

Heft 6:

Prof.Dr. Walter Weizel, Institut für theoretische Physik, Bonn
Die gegenwärtige Situation der Grundlagenforschung in der Physik

Prof.Dr. Siegfried Strugger, Universität Münster
Das Duplikantenproblem in der Biologie

Direktor Dr. Fritz Gummert, Ruhrgas A.-G., Essen
Überlegungen zu den Faktoren Raum und Zeit im biologischen Geschehen und Möglichkeiten einer Nutzanwendung

64 Seiten, 2o Abbildungen, kartoniert DM 4,--

Heft 7:

Prof.Dr.-Ing. August Gotte, Technische Hochschule Aachen
Steinkohle als Rohstoff und Energiequelle

Prof.Dr.e.h. Karl Ziegler, Max-Planck-Institut für Kohleforschung Mülheim/Ruhr
Über Arbeiten des Max-Planck-Institute für Kohleforschung

Heft 8:

Prof.Dr.-Ing. Wilhelm Fucks, Technische Hochschule Aachen

Die Naturwissenschaften, die Technik und der Mensch

Prof.Dr.sc.pol. Walther Hoffmann, Universität Münster

Wissenschaftliche und soziologische Probleme des technischen Fortschritts

84 Seiten, 12 Abbildungen, kartoniert DM 6,5o

Heft 9:

Prof.Dr.-Ing. Franz Bollenrath, Technische Hochschule Aachen

Zur Entwicklung warmfester Werkstoffe

Dr. Heinrich Kaiser, Staatl.Materialprüfamt Dortmund

Stand spektralanalytischer Prüfverfahren und Folgerung für deutsche Verhältnisse

Heft 1o:

Prof.Dr. Hans Braun, Universität Bonn

Möglichkeiten und Grenzen der Resistenzzüchtung

Prof.Dr.-Ing. Karl Heinrich Dencker, Universität Bonn

Der Weg der Landwirtschaft von der Energieautarkie zur Fremdenergie

74 Seiten, 23 Abbildungen, kartoniert DM 6,8o

Heft 11:

Prof.Dr.-Ing. Herwart Opitz, Technische Hochschule Aachen

Entwicklungslinien der Fertigungstechnik in der Metallbearbeitung

Prof.Dr.-Ing. Karl Krekeler, Technische Hochschule Aachen

Stand und Aussichten der schweisstechnischen Fertigungsverfahren

Heft 12:

Dr. Hermann Rathert, Mitglied des Vorstandes der Vereinigten Glanzstoff-Fabriken A.-G., Wuppertal-Elberfeld

Entwicklung auf dem Gebiet der Chemiefaser-Herstellung

Prof.Dr. Wilhelm Weltzien, Direktor der Textilforschungsanstalt Krefeld

Rohstoff und Veredlung in der Textilwirtschaft

84 Seiten, 29 Abbildungen, kartoniert DM 7,--

Heft 13:

Dr.-Ing.e.h. Karl Herz, Chefingenieur im Bundesministerium für das Post und Fernmeldewesen Frankfurt/Main
Die technischen Entwicklungstendenzen im elektrischen Nachrichtenwesen

Ministerialdirektor Dipl.-Ing. Leo Brandt, Düsseldorf
Navigation und Luftsicherung

Heft 14:

Prof.Dr. Burkhardt Helferich, Universität Bonn
Stand der Enzymchemie und ihre Bedeutung

Prof.Dr.med. Hugo Knipping, Direktor der Universitätsklinik Köln
Ausschnitt aus der klinischen Carcinomforschung am Beispiel des Lungenkrebses

72 Seiten, 12 Abbildungen, kartoniert DM 6,25

Heft 15:

Prof.Dr. Abraham Esau, Technische Hochschule Aachen
Die Bedeutung von Wellenimpulsverfahren in Technik und Natur

Prof.Dr.-Ing. Eugen Flegler, Technische Hochschule Aachen
Die ferromagnetischen Werkstoffe in der Elektrotechnik und ihre neueste Entwicklung

Heft 16:

Prof.Dr.rer.pol. Rudolf Seyffert, Universität Köln
Die Problematik der Distribution

Prof.Dr.rer.pol. Theodor Beste, Universität Köln
Der Leistungslohn

7o Seiten, 1 Abbildung, kartoniert DM 4,5o

Heft 17:

Prof.Dr.-Ing. Friedrich Seewald, Technische Hochschule Aachen
Luftfahrtforschung in Deutschland und ihre Bedeutung für die allgemeine Technik

Prof.Dr.-Ing. Edouard Houdremont, Essen
Art und Organisation der Forschung in einem Industrieforschungsinstitut der Eisenindustrie

Weitere Hefte sind in Vorbereitung

W E S T D E U T S C H E R V E R L A G
K Ö L N und O P L A D E N

GPSR Compliance
The European Union's (EU) General Product Safety Regulation (GPSR) is a set of rules that requires consumer products to be safe and our obligations to ensure this.

If you have any concerns about our products, you can contact us on

ProductSafety@springernature.com

In case Publisher is established outside the EU, the EU authorized representative is:

Springer Nature Customer Service Center GmbH
Europaplatz 3
69115 Heidelberg, Germany

www.ingramcontent.com/pod-product-compliance
Ingram Content Group UK Ltd.
Pitfield, Milton Keynes, MK11 3LW, UK
UKHW021927190726
13853UKWH00002B/894

* 9 7 8 3 6 6 3 1 2 8 2 0 5 *